## 大马警官

　　生肖小镇负责维持交通秩序的警察，机警敏锐。有一辆多功能警用摩托车，叫闪电车，能变出机械长臂进行救援。

## 喇叭鼠

　　生肖小镇玩具店的老板，也是交通安全志愿者，有一个神奇的喇叭，一吹就能出现画面。

# 编 委 会

## 主 编

刘 艳

## 编 委

李 君　朱建安

朱弘昊　丛浩哲

乔 靖　苗清青

交警叔叔阿姨送给小朋友的礼物！

图书在版编目(CIP)数据

小龙的隐身帽 / 葛冰著；赵喻菲等绘；公安部道路交通安全研究中心主编. – 北京：
研究出版社, 2023.7
(交通安全十二生肖系列)
ISBN 978-7-5199-1478-3

Ⅰ.①小… Ⅱ.①葛… ②赵… ③公… Ⅲ.①交通运输安全–儿童读物 Ⅳ.①X951-49

中国国家版本馆CIP数据核字(2023)第078917号

◆ **特别鸣谢** ◆

湖南省公安厅交警总队
广东省公安厅交警总队
武汉市公安局交警支队
北京交通大学幼儿园
北京市丰台区蒲黄榆第一幼儿园

## 小龙的隐身帽（交通安全十二生肖系列）

| | | | |
|---|---|---|---|
| 出版发行： 中国出版集团有限公司 研究出版社 | | 策　划： | 公安部道路交通安全研究中心 |
| 出 品 人：赵卜慧 | | | 银杏叶童书 |
| 出版统筹：丁　波 | | | |
| 责任编辑：许宁霄 | | 编辑统筹： | 文纪子 |
| 装帧设计：姜　楠 | | 助理编辑： | 唐一丹 |
| 地址：北京市东城区灯市口大街100号华腾商务楼 | | 邮编： | 100006 |
| 电话：（010）64217619　64217652（发行中心） | | | |
| 开本：880毫米×1230毫米　1/24　印张：18 | | 字数： | 300千字 |
| 版次：2023年7月第1版 | | 印次： | 2023年7月第1次印刷 |
| 印刷：北京博海升彩色印刷有限公司 | | 经销： | 新华书店 |
| ISBN　978-7-5199-1478-3 | | 定价： | 384.00元（全12册） |

交通安全十二生肖系列

公安部道路交通安全研究中心 主编

# 小龙的隐身帽

葛 冰 著 原 路 绘

中国出版集团有限公司
研究出版社

小龙条条的爸爸酷爱发明创造，是小镇上有名的科学家。

条条爸爸发明了神奇的"风袋"，一打开风袋就刮风。他还发明了"雨盆"，想下雨就把盆里的水往下倒。

条条可喜欢爸爸的发明了，他还是个好奇宝宝，最大的梦想就是像爸爸一样成为一名科学家。

科学家
条条

条条爸爸发明的隐身帽很神奇，一戴上，身体立刻变得透明，谁也看不见。

小狗贝贝正在踢球，突然，地上的皮球蹦蹦跳跳围着他转起了圈，吓了他一大跳。

"哈哈，我戴了隐身帽。"小龙条条摘下帽子大声说。

条条爸爸的实验室里还有好多神奇的发明，条条好想看一看，可是怎么才能跟着爸爸进实验室呢？

有了！

条条戴着隐身帽，悄悄坐在电动自行车后座上，想偷偷跟着爸爸进实验室。

砰——

一个下坡，条条
爸爸没刹住车，撞到了前面的电
动自行车，条条和爸爸摔在了
地上。

"哇——"

小龙条条疼得哇哇直哭。

爸爸这才发现条条跟着他呢。

为了您的安全，我们一马当先！

大马警官和喇叭鼠赶了过来。

他对条条爸爸说："乘坐电动自行车或摩托车要佩戴安全头盔，家长千万不能马虎。"

条条爸爸有苦说不出。

17

喇叭鼠也吹起小喇叭，向大家
展示不戴安全头盔有多危险。

19

大马警官又给大家讲了安全头盔的构成和正确的佩戴方法。

# 头盔的构成

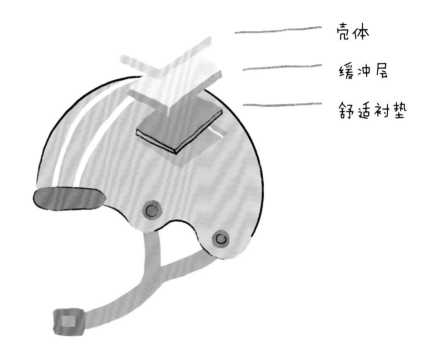

- 壳体
- 缓冲层
- 舒适衬垫

## 安全头盔的构成和佩戴方法

### 正确佩戴安全头盔的方法

└─ 头围尺码 ─┘

选择适合头围尺寸的头盔

水平佩戴头盔，不前仰，不后翘

系好扣带，头盔不晃动

条条和爸爸终于到了实验室，
他们还一起做了神奇的小实验呢。

23

24

# 乘坐电动自行车

乘坐电动自行车，

安全头盔要戴好。

我不站在脚踏板，

坐稳扶好防摔倒。

小朋友们，乘坐电动自行车时，一定要正确戴安全头盔哟！

# 乘坐电动车要佩戴安全头盔

　　家长朋友们，骑电动自行车搭载孩子出行时，不仅自己要佩戴安全头盔，也要为孩子佩戴合适的安全头盔。安全头盔通常由壳体、缓冲层和舒适衬垫等组成，其中壳体和缓冲层是头盔吸收碰撞能量的关键部分，正确佩戴安全头盔可在事故中更好地保护头部，从而降低伤害。故事中小龙条条的爸爸在乘坐电动自行车时佩戴了安全头盔，但是条条没有戴，还好摔下来时没有碰到头部。

　　给孩子正确佩戴头盔需要做到以下几步：

❶　选择适合孩子头围尺寸的头盔，水平佩戴，不可前仰或者后翘。

❷　调整两侧系带分叉扣的高度，使耳朵正好位于前后两侧系带

中间。

❸  调整系带长度并扣紧，下颚处留出一指空隙，确保头盔不会晃动。

　　此外，提醒家长朋友们，骑行电动自行车搭载孩子时要特别注意不要超速或逆行；要让孩子正向骑坐在后座上，不要让孩子站在前面的脚踏板上，防止从车上掉落。